NEEDLE FELTING TUMBLER

羊毛氈職人的
動物不倒翁

➤ 教你製作心愛的桌伴小寵物！ ◀

擬真　可愛　互動

毛起來玩・燕魚◎著

Needle Felting

PREFACE

我在市集或展場的時候很常被問到一個問題：「妳做的這個東西有甚麼用？」我如實地回答：「不實用，但是可愛。」

台灣有一個現象，消費凡事講求cp值、實用性，就連學東西前都會考量這件事在未來學業或事業上有沒有用。追求美感和興趣帶來的滿足，經常被忽視；因為很難帶來立竿見影的成效，很少人願意單純為了一個興趣而去投資自己。

對我來講，做羊毛氈最大的價值，不只是最後完成的成品，更多的是去感受和享受整個動手做的過程，以及透過這項手工藝與人交流

連結。戳針反覆戳刺羊毛發出的沙沙聲，細小而規律的頻率聽了令人感到紓壓。孰悉之後會轉化成一種身體記憶，能夠重複著同一動作暫時不用思考，讓腦袋放空放鬆。是一種身心靈的休養和提升。

日本隨處可見放在書桌、茶几上的可愛擺飾和公仔，窗戶破了自己修補，口袋破了繡上小花；歐美DIY也很盛行，每到不同節日會更換家中擺飾慶祝，在園藝上也樂於花心思整理庭院。對他們來講，動手做是一種享受、一種習慣，只是很普通的生活中的一部分。

希望能有更多人透過本書感受到羊毛氈的有趣之處。不論是跟朋友一起做著一件共同喜愛的事，或是品味一個人的手作時光。能夠樂在其中，任憑一個悠閒的午後流逝而毫不自知，讓生活步調整個慢下來。練習將美感融入日常，盡情去感受一切美好事物和享受生活！

PROFILE

陳彥妤（燕魚老師）

FB粉絲專頁「毛起來玩 燕魚的羊毛窩」創辦人

一個單純的女生，透過羊毛氈找到她與這個世界的溝通方式。

在創作的過程中探索人與人之間的溝通互動，找回人與人之間的連結，強調手作傳遞的溫暖。透過羊毛氈這項媒介，在一起動手作的過程，也能相互了解和陪伴。

其風格細膩，透過一針針的雕鑿，創作出無數動物。期望透過羊毛氈動物勾勒出人們內心最柔軟的一塊。

活動＆獲獎

2019　Pop Up Asia 亞洲手創展
2020　福爾摩沙國際藝術博覽會 ART FORMOSA
2021　臺中市第四屆纖維創作獎 入選
2021　台東工藝設計獎 入選
2021　製作YOTTA線上課程
　　　「從羊毛氈認識台灣 打造專屬的台灣特有動物圖鑑」
2022　ART FUTURE 藝術未來

授課經歷

❋ 東吳大學星橋手工創意社顧問及講師
❋ 善牧蘆州少年福利服務中心社團活動手工藝講師
❋ 臺北市北投婦女暨家庭服務中心羊毛氈講師
❋ 陽光向日葵兒童美術才藝班羊毛氈講師
❋ 亞洲大學心理諮商中心社團活動羊毛氈講師
❋ 東區新移民據點手工藝講師
❋ 伊甸基金會身障據點手工藝講師
❋ 台中地方法院少年教室羊毛氈講師

CONTENTS

暖心的羊毛氈動物們

羊毛氈職人開課！

HOW TO MAKE

補充知識

CHAPTER 1

LOVELY NEEDLE FELTING ANIMALS

暖心的羊毛氈動物們

除了模樣可愛，還是可互動的不倒翁設計唷！

某次與朋友一起參加北京泰迪熊展的旅途中，偶然瞥見她行李箱中的一包小鋼球。
她說是製作布偶加重用的，小球易於填充於四肢細小的部位，接著便送我一包。

我想：羊毛氈是不是也可以拿來利用呢？
小珠子在戳針刺入羊毛內部時，會繞開戳針，不會影響戳刺塑型。
於是有別以往質地輕盈的羊毛氈偶，可動式羊毛氈不倒翁便誕生了！

一起來玩吧！
讓動物不倒翁動起來！

※除了有完整教作的10隻動物不倒翁之外，P.10至P.33亦
有同樣造型＆姿態，但變化不同品種、毛色與細節製作的
欣賞作品。你也可以運用書中教授的製作步驟＆按巧，自
由變化製作出家中毛小孩的縮小不倒翁喔！

Needle Felting

NEEDLE FELTING

狗狗好朋友

狗狗們：罐罐～罐罐～
主人：咦？不是剛剛才餵過嗎？

牛頭梗 / BULL TERRIER
How to make：P.44

邊境牧羊犬 / BORDER COLLIE
How to make：P.48

黃金獵犬 / GOLDEN RETRIEVER
How to make：P.51

你今晚沒有罐罐吃了！

咖色系狗狗集合！小金毛在哪呢？

我在中心位，
你猜對了嗎？

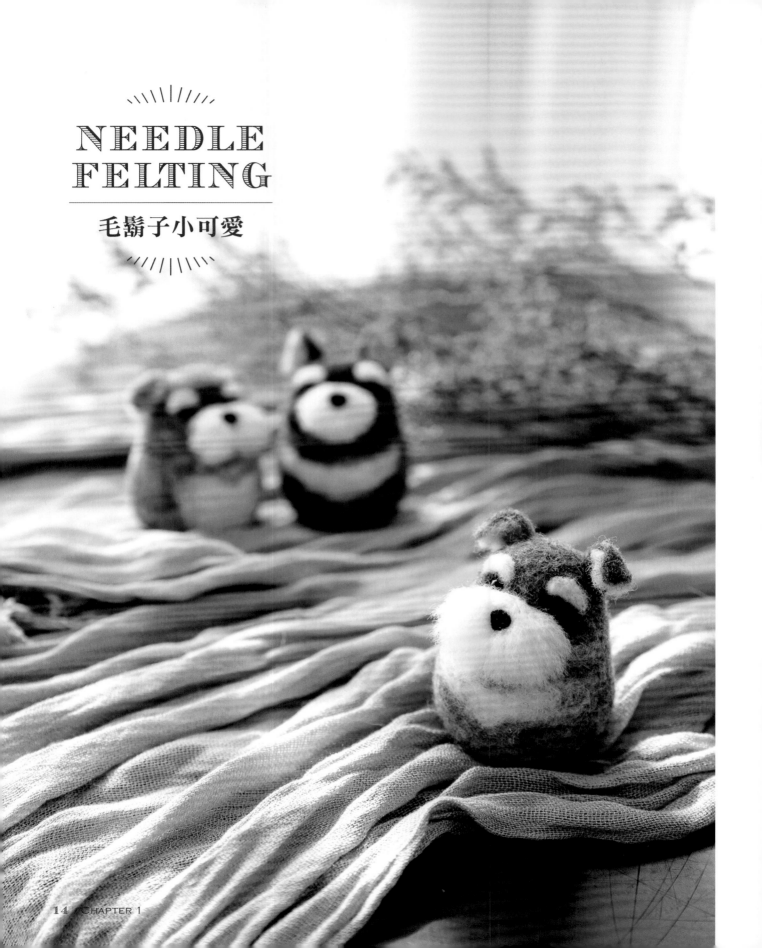

NEEDLE FELTING

毛鬍子小可愛

4

雪納瑞 / SCHNAUZER
How to make：P.55

可是...我們是女生耶QQ

很man的落腮鬍

有型的八字鬍子

NEEDLE FELTING

貓咪表情包

臭臉貓 / **STINKY-FACED CAT**

5

嗚嗚嗚，別人笑我們的臉好扁，
我還是很可愛的對嗎？

How to make：P.59

這圓潤的背影……

SP

不倒翁貓咪的
大、小、花色特蒐

※你也可以運用臭臉貓相同作法，
　自由挑戰創作喜愛的貓咪花色＆大小喔！

我不是胖，我是可愛到膨脹。

排好隊，慢慢走，小心別滾下去了

NEEDLE FELTING

倉鼠大福養成日常

倉鼠 / HAMSTER

How to make：P.63

我的腮幫子還不夠滿。
葵花子咧？！快拿來！

NEEDLE FELTING

母雞蹲的兔寶們

渾圓飽滿的小屁股～好想偷捏一把！

兔子 / RABBIT

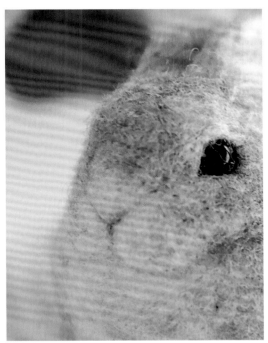

How to make：P.67

NEEDLE FELTING

鳥兒啾啾喳喳愛唱歌

你看，對面那傢伙頭上比我們多一根毛欸！量身高可以偷偷作弊！

玄鳳鸚鵡 / COCKATIEL

How to make：P.71

最近吃太好，好像變胖了？
快陷進草叢裡啦！

好險，還跳得出來啊……

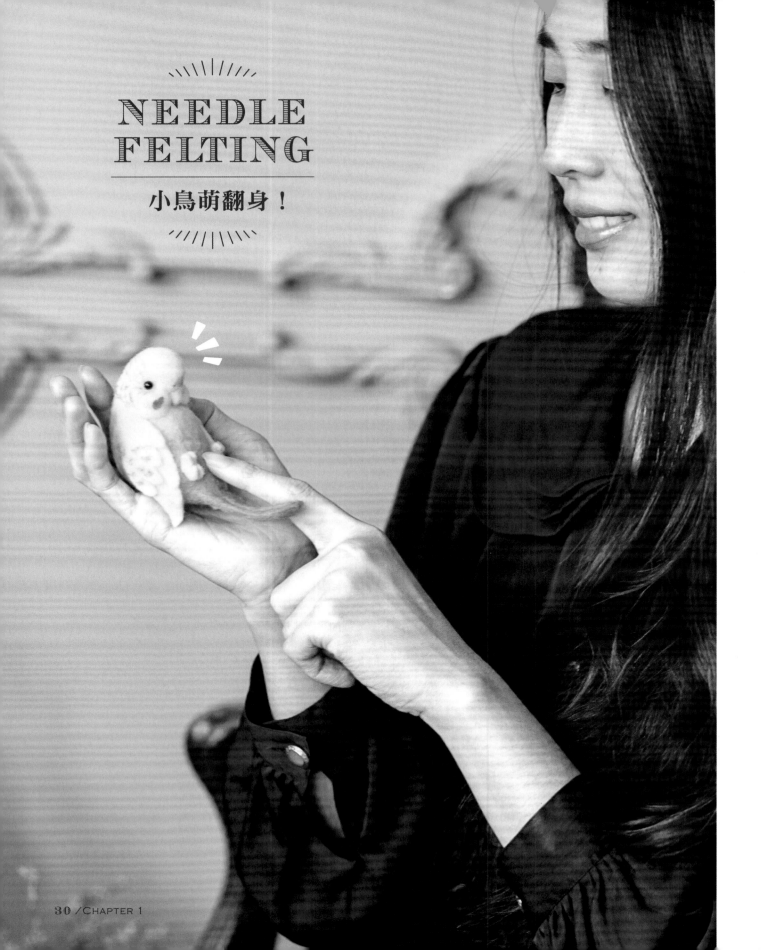

NEEDLE
FELTING

小鳥萌翻身！

虎皮鸚鵡 / BUDGERIGAR

How to make：P.76　　　　　　　　　　　　　　　　翻肚子是我們放鬆信任的表現喔～

NEEDLE FELTING

chill貓咪的翻肚誘惑

擬真貓咪球
REALISTIC
NEEDLE
FELTING CAT

How to make：P.80

10

▲喵！本宮美的像一副畫。

▲這陽光，這天氣，哈姆～好適合睡午覺！

CHAPTER 2

NEEDLE FELTING CLASS STARTS

羊毛氈職人開課！

基礎塑型、戳刺立體肌理、重疊鋪色，專業技巧不私藏！

大家好，我是燕魚。
讓我們一起毛起來玩！

Needle Felting

➤ 工具介紹 ◄

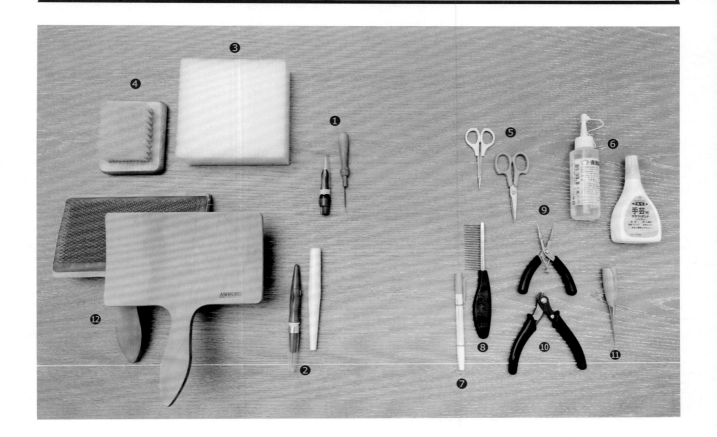

主要工具

1. 戳針＋單針握把
戳針前端有凹槽，可使羊毛氈化。握把為省力工具，可減少工作時帶來的手部不適。

2. 筆形多針工具
三針、多針的工具組，可以加快作品完成速度。

3. 戳墊
耗料，久用戳扁之後需丟棄。作為針氈緩衝用的工作墊。

4. 環保戳墊
在刷子上鋪戳針可穿透之布料，可重複使用之環保工作墊。

搭配工具

5. 剪刀
刀鋒長3cm的小剪刀，打洞用。植毛修剪時，可使用刀鋒較長（6cm）之剪刀。
※若製作更大的作品，會用到更長的剪刀。

6. 膠水
保麗龍膠、白膠皆可。

7. 水消筆
可畫記號線，沾水後會消失。

8. 不鏽鋼排梳
將打結的羊毛梳開，順毛用。

9. 尖嘴鉗
用於扭轉、彎曲骨架。

10. 斜口鉗
用於剪斷骨架。

11. 錐子
打洞用，以便安裝眼睛＆鼻子配件。

12. 混毛刷
需兩把一起使用。羊毛混色用。可用寵物梳毛針梳替代。

⟶ 素材介紹 ⟵

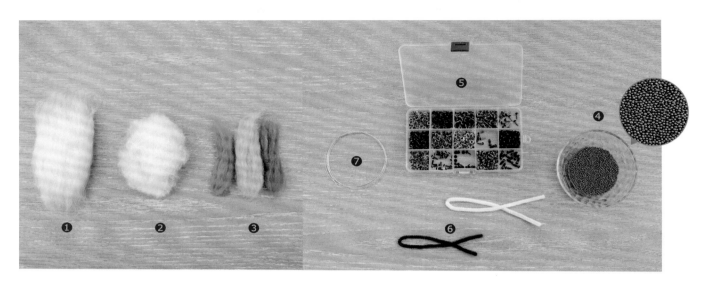

▲ 搭配不同動物，選擇最適合的眼珠，點睛效果讓
作品更生動喔！

羊毛素材

1. 紐澳羊毛條

纖維較粗硬，約5～9cm。適合一開始大範圍打基底用。
也適合植毛。

2. 白色棉花狀短纖維羊毛

纖維綣曲，軟且極短，雕塑肌肉、形體用。

3. 短纖維羊毛

纖維細而柔軟，約4cm。鋪在最表層上色用。

其他配件素材

4. 直徑2.5mm以下鋼球

加在不倒翁坯體底部增加重量。

5. 眼珠

彩色、異色瞳孔，及黑眼豆豆的半球塑膠珠。

6. 毛根

細鐵絲上裹滿絨毛。製作羊毛偶骨架時，方便纏繞羊毛。

7. 0.4mm銅線

延展性高，反覆彎折不易斷裂。製作羊毛偶骨架及較細之部
位時使用。

⇒ 基礎技巧 ⇐

以下照片圖文是 標示作法重點 ，請務必搭配觀看示範影片（有老師的口語說明），更清楚易懂喔！

⇒ 1 ⇐
捲緊羊毛

羊毛朝兩端反向盡量拉緊。

⇒ 2 ⇐
戳針使用

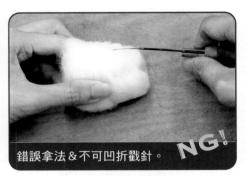

直進直出，斜進斜出，與作品保持同向進出。　　　錯誤拿法＆不可凹折戳針。　NG！

⇒ 3-1 ⇐
形狀戳塑-橢圓

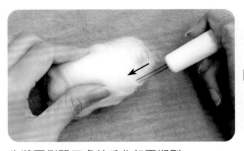
▶
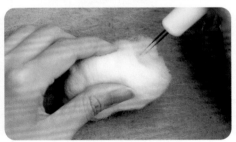

先將兩側開口處羊毛收起再塑型。

⇒ 3-2 ⇐
形狀戳塑-圓形

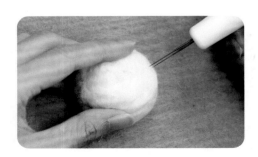

均勻翻滾戳刺。

⇒ 3-3 ⇐
形狀戳塑-水滴

針打斜，將羊毛連續推向另一側。

⇒ 3-4 ⇐
形狀戳塑-圓錐

從尖端側邊向下戳刺。

切勿從尖端戳刺，會變鈍。 NG!

⇒ 3-5 ⇐
形狀戳塑
長方形 & 平面

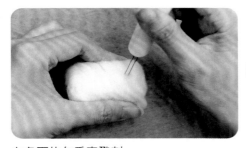

▶

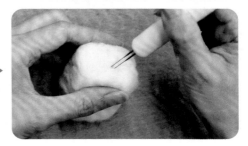

在各面均勻垂直戳刺。

⇒ 3-6 ⇐
形狀戳塑-薄片

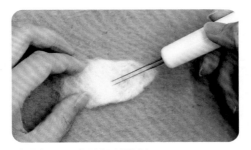

邊緣戳凹了！

重覆翻面，淺針傾斜戳刺。

錯誤的修飾邊緣方式。 NG!

⇒ 3-7 ⇐
形狀戳塑-條狀

翻滾，淺針傾斜戳刺。

≫ **4-1** ≪
羊毛刷混色

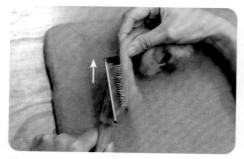

將欲混合的顏色交錯勾在刷子上。

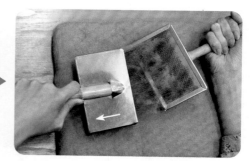

兩把毛刷左右對拉,加速羊毛混合均勻。

≫ **4-2** ≪
手撕混色

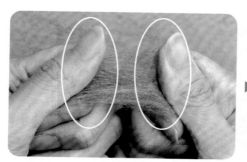

再用拇指、食指第二指節,少量整理梳下微捲的羊毛,將其拉直。

使纖維平整交錯,交疊於一個平面。

≫ **5** ≪
骨架纏繞羊毛

保持纖維平整並拉緊。

≫ **6** ≪
細修表面

淺針、傾斜、三點式壓力分散,力道一致地均勻戳表面。

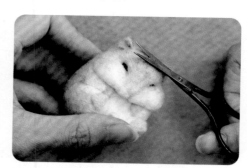

用小剪刀除毛。

不倒翁基底的作法流程

直立型　應用作品：牛頭梗・黃金獵犬・邊境牧羊犬・雪納瑞・臭臉貓・倉鼠

STEP 1 製作托底的圓形碗公狀

01

先做一個圓形碗公，準備盛接小鋼球。將雕塑用短纖羊毛攤開變成約5至6cm寬的薄片條狀。

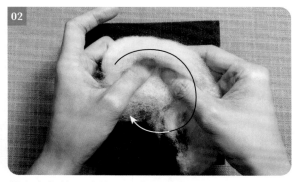

02

朝中央旋轉，讓羊毛在底部重疊，四周向上延伸盤繞成碗公狀。

03

先在底部淺針傾斜戳刺，使其氈化。

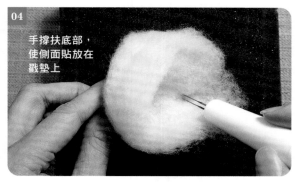

04

手撐扶底部，使側面貼放在戳墊上

將碗公側翻，一邊翻轉一邊戳刺側面。

05

氈化到用指甲摳側邊不會破洞的程度，碗公完成。

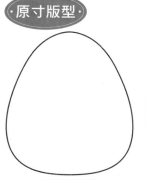

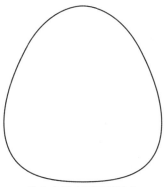

・原寸版型・

雞蛋形坯體　　　　接合完畢之不倒翁基底

STEP 2 製作雞蛋形坯體

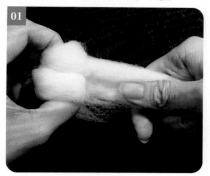

將4.5g的粗纖維打底羊毛條捲緊。

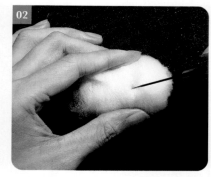

360度翻滾戳刺，並將兩側毛邊收起。

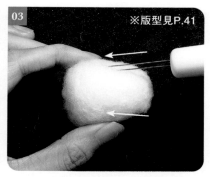

※版型見P.41

保持往同一側運針，使毛量堆積出寬厚底的雞蛋形狀。

STEP 3 碗公裝入小鋼球&坯體

把小鋼球裝進碗公，再將雞蛋形毛球的寬底側朝下塞入。

STEP 4 戳刺接合至一體，完成基底

從底部深針向頂端戳刺，使碗公和雞蛋接合。

※版型見P.41

運針方向

接合完成，變成一個大雞蛋不倒翁。

・臥趴・橫躺型・

應用作品：兔子・玄鳳鸚鵡・虎皮鸚鵡・擬真貓咪球
基本作法與直立型作品的步驟流程相同，但為表現主角動物的動作姿態，
STEP 1 至 **3** 作法略變化如下：

STEP 1
製作托底的「長盤形」碗公狀

將圓形碗公左右拉寬，並用針朝兩側戳刺。

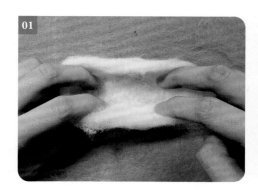

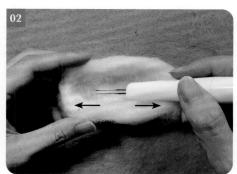

STEP 2
製作造型坯體

STEP 3
碗公裝入小鋼球＆橫躺的坯體

依各動物作法頁的版型製作坯體，再放入長盤形碗公中。

直立型 適用於底部較窄圓之作品造型。

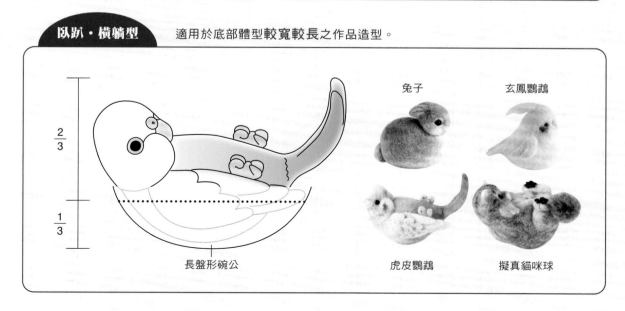

$\frac{2}{3}$

碗公要
高於小鋼球

$\frac{1}{3}$

小鋼球不要超過1/3

圓碗公

牛頭梗犬　邊境牧羊犬　黃金獵犬

雪納瑞　臭臉貓　倉鼠

臥趴・橫躺型 適用於底部體型較寬較長之作品造型。

$\frac{2}{3}$

$\frac{1}{3}$

長盤形碗公

兔子　玄鳳鸚鵡

虎皮鸚鵡　擬真貓咪球

牛頭梗 BULL TERRIER

羊毛材料

● 粗纖維打底羊毛條　白色　4.5g
● 雕塑用短纖羊毛　白色　適量
● 表面鋪色用短纖羊毛　適量

黑色　　深咖色　　灰色　　粉紅色

其他材料

● 鋼球　40g　　● 4mm 黑色眼珠　2個

原寸版型　　※坯體＆基底版型見P.41

臉　　　耳　　　尾

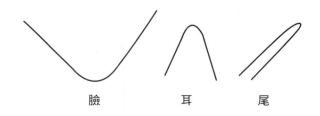

SIZE / 4.5x4.5x7CM

製作【直立型】不倒翁基底

01 依P.41至42製作〔直立型〕不倒翁基底。

START！製作鼻尖＆臉部

02 取適量羊毛，對摺成三角形，準備製作牛頭梗鼻尖＆臉部。

03 整片戳成約0.5cm厚的半氈化三角形，底部開口處不要氈化。

04 將戳好的三角形開口處朝頭頂、尖端朝前作為鼻子，接合在雞蛋形基底上端。

05 戳刺側邊，並補上些許毛量調整臉頰形狀。

製作耳朵

06 取適量羊毛捲起來，準備做2個三角錐當耳朵。

收尖側
保留開口側

07 將一側保留開口接合處不要氈化，另一側收尖。

08 開口接合處壓放在頭頂，以深針戳刺接合於兩側耳朵位置。

09 在兩隻耳朵下方補上些許毛量，製作小凸起。

胸前加蓬

胸前添加一些羊毛加澎。

鼻頭鋪色

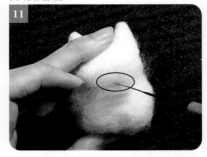

先在臉部前端鼻頭處加上一點粉紅色打底。

取出更少量的灰色羊毛鋪上。

取出一小團黑色先在墊子上戳至半氈化，放在臉部前端戳出一個倒三角形當鼻頭。在鼻子上方與白毛的交界處，再次鋪一點更深色的灰色羊毛蓋住接縫。

加上眼珠

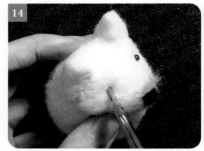

用小剪刀剪開2個洞，裝上3.5mm的眼睛。

確定位置無誤之後拔出眼睛，末端沾白膠再重新插入洞中，黏接固定。

塑造臉型

在眼珠上方添加些許羊毛疊厚，製作眉骨。

戳出眼尖頭至鼻頭的溝槽，並修飾臉型。

耳朵鋪色、身體鋪色塊

在耳朵背面加上一點黑色羊毛。

19 在耳朵正面舖上一些粉色羊毛，用針輕刮出三角形。

20 在臉上、身上自由加上黑色斑塊當作花紋。

製作尾巴

21 捲出細長條狀製作尾巴，一邊翻滾一邊戳刺，一端戳尖另一端接合處不要氈化。

22 將尾巴疊放在身體背面，一邊彎曲出喜歡的角度，一邊戳刺接合。

23 在尾巴周圍的縫隙戳刺加深，使形狀更立體。

加上眼睛細節

24 捻一條黑色細線當作眼線，在眼珠周圍繞一圈框出眼型。

25 在有黑色斑塊的眼珠下方加一點白線當眼白。

戳刺嘴部人中

FINISH

26 在鼻子下方以深針戳出一條凹縫當作人中。

MEMO

羊毛不會反光，如果大面積鋪色，用正黑會太死板。
因此我喜歡將黑色裡面混入一些深咖和灰色，較柔和自然。

邊境牧羊犬 BORDER COLLIE

羊毛材料

● 粗纖維打底羊毛條　白色　4.5g
● 雕塑用短纖羊毛　白色　適量
● 表面鋪色用短纖羊毛　適量

黑色　　深咖色　　灰色　　粉紅色

其他材料

● 鋼球　40g　● 5mm 咖啡雙色眼珠　2個

原寸版型　※坯體＆基底版型見P.41

吻・嘴　　耳　　臉頰　　尾

SIZE / 4.5×4.5×6.5CM

製作【直立型】不倒翁基底

START！製作&加上嘴巴、耳朵、臉頰

01

依P.41至42製作〔直立型〕不倒翁基底。

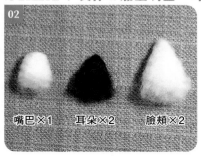

02

嘴巴×1　　耳朵×2　　臉頰×2

參考P.45牛頭梗耳朵步驟，製作如圖所示的三角錐，其中耳朵及臉頰不要戳得太硬，半氈化即可。

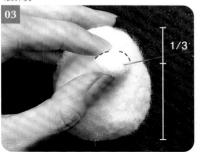

03

1/3

將錐狀的狗嘴吻部接合於雞蛋上方1/3處，用斜針在鼻樑兩側戳三角形。

04

將2個三角形臉頰接合於嘴巴左右兩側。

05

兩邊臉頰接合完成。

06

於嘴巴&臉頰接合縫隙處的上方添加些許羊毛，疊厚作出額頭。

07

將耳朵垂直接合於頭頂，但不要戳得太硬太扎實。

08

用手指將耳朵下壓摺彎，並在各轉摺處和縫隙處戳刺，固定下彎的形狀。

加上眼珠

在眼睛位置剪洞，將眼珠沾膠黏上。

在眼珠上方添加些許羊毛製作眉骨，並將眼珠周圍用羊毛填滿。

加上色塊斑紋

在臉部＆背部表面鋪上〔黑色＋些許深咖色＋灰色〕混色後的羊毛，製作色塊斑紋。

在黑色與白色斑紋交界處鋪上〔黑色＋灰色〕混色後較淺的羊毛，進行修飾。

加上鼻頭

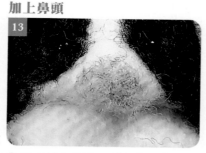

鼻頭處鋪上些許〔粉紅色＋灰色〕混色後的羊毛。

揉一顆黑色毛球，在鼻樑前方戳深接合，之後將針打斜沿周圍接縫處戳刺，調整成倒三角形鼻子。

在鼻子下方用力戳深，作出一條直線凹槽。

加上眼線

捻一條灰色細線，加在眼珠周圍當眼線。

製作尾巴

製作尾巴。取一束白色羊毛，用黑色羊毛包裹一圈，保留末端一點白色纖維露出。

一邊翻滾羊毛，一邊戳刺黑色部分使其半氈化。

用剪刀修剪沒氈化的白色部分。

FINISH

修剪好後，將尾巴接合於背部。

黃金獵犬 GOLDEN RETRIEVER

HOW TO MAKE

3

羊毛材料

● 粗纖維打底羊毛條　白色　4.5g
● 雕塑用短纖羊毛　白色　適量
● 表面鋪色用短纖羊毛　適量

 黑色　 灰色　 米色　 奶茶色　 土黃色　 淺棕色

其他材料

● 鋼球　40g　　● 4.5mm 黑色眼珠　2個

原寸版型　　※坯體＆基底版型見P.41

吻・嘴　　耳　　尾

SIZE / 4.5x4.5x6CM

製作【直立型】不倒翁基底

01

依P.41至42製作〔直立型〕不倒翁基底。

START！製作&加上吻部

02

製作一個長方體當作狗嘴吻部，留一側接合處不要氈化。

03

將吻部接合於於雞蛋上方1/3處，稍微向上傾斜。

填補羊毛，塑造臉型

04

在吻部左右兩側填補適量羊毛，製作圓弧臉頰。

05

於嘴巴&臉頰接合縫隙處上方添加些許羊毛，疊厚作出額頭。

加上眼睛&修飾臉部立體度

06

在眼睛位置剪洞，眼珠沾膠黏上，並在鼻樑兩側戳塑成三角形。

07

在眼珠上方添加些許羊毛，並將眼珠周圍用羊毛填滿。

鋪色

08

表面鋪色。取出最淺的米色打底，添加於鼻頭、臉頰和胸口。

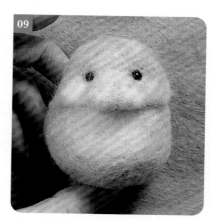

09

鋪上深一點的奶茶色＋土黃色作出漸層。

加強眉骨造型

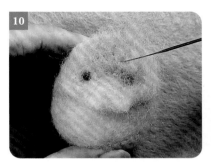

10 於頭頂、鼻樑和背部脊椎處加上少許〔土黃色＋淺棕色〕混色羊毛。

11 取出淺色羊毛捲起來在眼珠上方加厚，再次加強眉骨造型。

12 在淺色眉骨周圍加上深黃色羊毛修飾，使兩顏色界線消失。並用針推出眉毛形狀。

加上鼻子

13 鼻頭處打上〔米色＋淺灰色〕的混色羊毛。

14 加上倒三角鼻子，並在鼻子下方戳出直線凹槽。

加上耳朵

15 戳2個形狀對稱的三角形薄片當作耳朵，在其中一面鋪上深色製作漸層。接合處不要氈化。

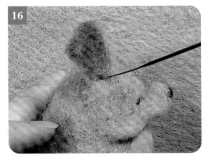

16 先將耳朵立放，於下緣戳刺接合於頭部。

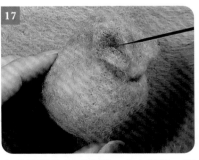

17 之後將耳朵向下翻摺，中央戳凹，直至使耳朵接合於臉頰。耳朵周圍則保持不氈接，呈微微翹起。

18 針打斜，修飾耳朵上緣與頭部接合處。

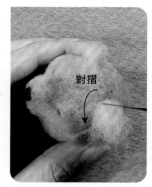

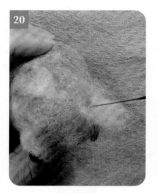

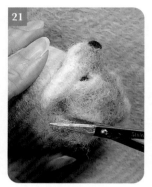

在耳朵與頭部接合處種植些許淺色羊毛。先在中央戳刺,再將羊毛對摺,並在對摺處戳刺。

在顏色交界處鋪上頭頂毛色修飾,使顏色界限消失。

將羊毛修剪整齊。

加上眼睛細節

製作尾巴

捻一條深色細線羊毛繞在眼珠周圍製作眼線,眼頭朝鼻頭方向拉尖,眼尾微微下垂。

捲一條狀米色羊毛製作尾巴,除了兩端不要氈化,將整條尾巴半氈化。

一邊將尾巴彎曲,一邊接合於背部尾椎處。

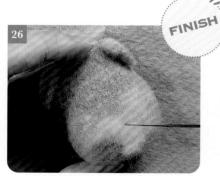

FINISH

沿著尾巴種植上羊毛,先在中段戳刺之後向下翻摺。

在邊緣加上土黃色羊毛修飾邊界,完成後用剪刀修剪整齊。

雪納瑞 SCHNAUZER

HOW TO MAKE

羊毛材料

- 粗纖維打底羊毛條　白色　4g（部分植毛）
- 雕塑用短纖羊毛　白色　適量
- 表面鋪色用短纖羊毛　適量

黑色　　深灰色　　淺灰色

其他材料

- 鋼球　40g
- 4.5mm 黑色眼珠　2個

原寸版型　※坯體＆基底版型見P.41

吻・嘴　　　　　耳　　　　尾巴

SIZE / 4.5x4.5x7CM

製作【直立型】不倒翁基底

01

依P.41至42製作〔直立型〕不倒翁基底。

START！製作頭部

02

請參考P.52黃金獵犬步驟，製作出雪納瑞頭部。

鋪色

03

在臉頰下方＆腹部表面鋪上淺灰色，預計做白色花紋的部位可以留白。

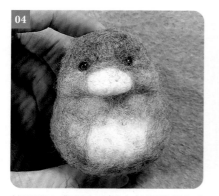

04

於頭頂＆背部表面鋪上較深的深灰色。

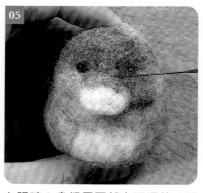

05

在眼睛＆鼻樑周圍鋪上更深的〔深灰色＋一點黑色〕的混色羊毛，做出漸層。

製作耳朵

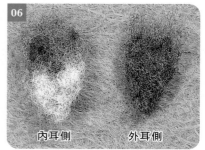

06

內耳側　　外耳側

製作2個三角形薄片當作耳朵，底部接合處不要氈化。於其中一面鋪上白色羊毛（作為內耳側），維持鬆散狀不要戳平戳死，並且故意超過耳朵邊緣一點。

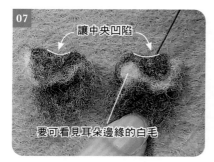

07

讓中央凹陷

要可看見耳朵邊緣的白毛

兩耳一片朝左下，一片朝右下對摺。並用針在對摺處輕輕戳刺，使形狀固定並讓中央凹陷。

08

接合耳朵時先固定中間的點，再將左右邊緣兩點朝前方包摺固定。

加上胸口花紋

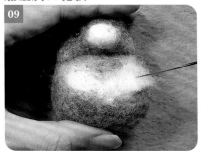

胸口鋪上白色v字花紋。

加上鼻子

用黑色做出倒三角形鼻子。

進行鬍鬚植毛

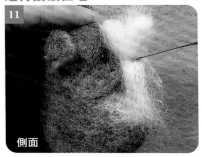

側面

在鼻樑嘴巴周圍種植白色羊毛。理順羊毛直向放置，在中央戳深植入底部。

往上再種第二排

毛向下摺

將羊毛向下對摺，並在對摺處戳刺，使羊毛方向固定朝下垂。

同樣方式在嘴巴周圍種植一圈後，在鼻樑上方橫向鋪上＆種植白色羊毛，蓋住灰色縫隙。
※每排毛之間的間距約0.2cm。

用多針向下梳理羊毛，整理鬍鬚方向。

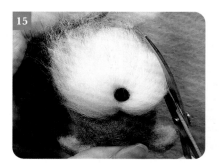

修剪鬍鬚邊緣輪廓形狀。

將剪刀打直，與毛流方向呈平行細部修剪，將鬍鬚打薄。

加上眉眼細節

將白色羊毛捲成條狀，在眼睛上方加上眉毛。

用深灰色加深眼睛周圍，做出眼影。

捻一條黑色細線繞在眼睛周圍，製作眼線。

製作尾巴

用白色戳一個半氈化約0.3mm厚的樹葉狀製作尾巴，其中一端不要氈化。

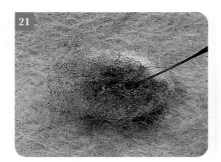

於其中一面加上深灰色。

FINISH

將做好的尾巴接合於背部中央底部的尾椎處，並將針打斜在周圍壓出尾巴形狀。

MEMO

耳朵角度、鬍子形狀加些變化，就能作出各有特色的雪納瑞一家。

臭臉貓 STINKY-FACED CAT

HOW TO MAKE

羊毛材料

- 粗纖維打底羊毛條　白色　4.5g
- 雕塑用短纖羊毛　白色　適量
- 表面鋪色用短纖羊毛　適量

米色　　奶油色　　駝色

土黃色　咖啡色　紅棕色　黑色　粉紅色　淺粉色

其他材料 ● 鋼球　40g

原寸版型　※坯體&基底版型見P.41

吻·嘴　　　耳　　　下巴　　　尾巴

SIZE / 5×5×5.5CM

製作【直立型】不倒翁基底

01

依P.41至42製作〔直立型〕不倒翁基底。

START！製作嘴邊肉球

02

戳出2粒半氈化的小橢圓球，預備做貓咪嘴巴旁邊的2顆小肉球。

03

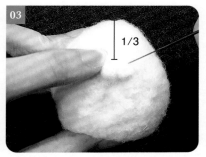

1/3

將2顆橢圓接合在距離雞蛋頂端1/3處，並將針打斜在周圍戳刺調整形狀。

加上臉頰

04

在嘴巴肉球左右臉側，取適量羊毛加上臉頰。

疊厚額頭

05

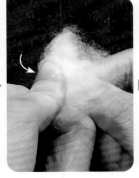

取薄片羊毛，對摺兩次做出一個直角。共製作2個。

製作耳朵

06

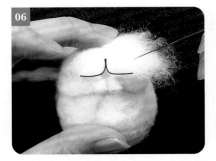

將做好的2個直角左右對稱加在臉頰上方，兩直角朝中央併攏，但保留縫隙預備做眼睛和眉頭皺紋。

07

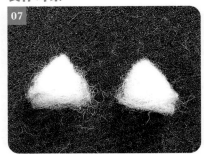

直接用米色做出2個三角錐，預備做耳朵。

08

將做好的三角錐以深針戳刺，接合於貓咪頭頂左右兩側，使耳側＆身體側邊成一直線。

鋪色

在臉部用耳朵的米色鋪毛打底。

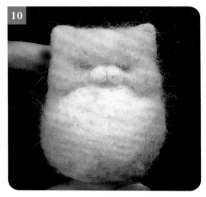

用深一點的奶茶色加在頭部＆身體花色底部白色的交界邊緣。

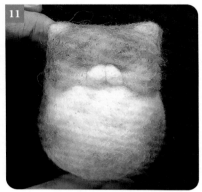

上第三層〔奶茶＋駝色＋土黃色〕混色後更深的橘色羊毛 ，重點是邊緣要透出一點淡淡打底的的奶茶淺色，不要全部蓋住。

加上鼻子＆修飾細節

將粉紅色用力揉成1顆半氈化小球，在兩嘴球中央上方戳出倒三角鼻子。

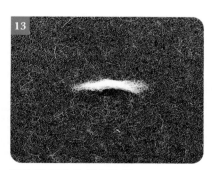

戳出半氈化的細長條狀。

加在鼻樑上方，做出扁鼻貓鼻子上方的皺褶。

加上下巴＆修飾嘴鼻造型

戳1個約0.2mm厚的半氈化片狀小三角形，底端留毛邊，預備做下巴。

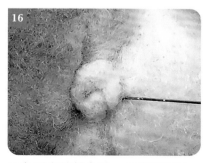

三角形尖端朝鼻頭、毛邊朝胸口，接在兩嘴球中央下方。

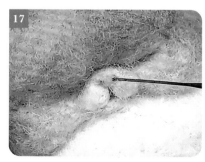

搓一條顏色較鼻子深的粉紅色細長線，戳進鼻孔、人中和嘴巴縫隙，使嘴鼻外型更立體。

加上瞇瞇眼

搓一條黑色細長線，戳進臉頰上方預留的縫隙製作瞇瞇眼。

加上身體的條紋

將〔咖啡色＋紅棕色＋些許土黃色〕混色後，搓揉成鬆散的長條狀，添加於表面製作貓咪身上的條紋。

製作尾巴

羊毛集中捲在右邊

捲出條狀預備製作尾巴，可將羊毛集中捲於某側使其變粗。

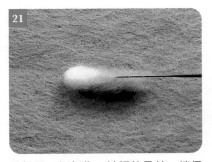

較粗那一側氈化，較細的另外一端保留接合的毛邊。尾巴半氈化即可，並在細端裹上體表面的橘色羊毛。

一邊翻轉尾巴，一邊戳刺上深色條紋。

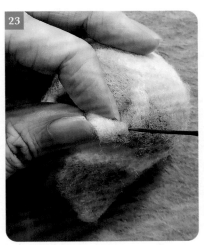

一邊將尾巴彎曲出弧度，一邊深針戳刺接合於背部尾椎處。

在眉頭處戳深、戳凹，製作擠出皺紋，一臉皺眉頭的模樣。

內耳鋪色

FINISH

內耳中央鋪上淡淡的淺粉色，再用針刮整出三角形。

倉鼠 HAMSTER

羊毛材料

- ● 粗纖維打底羊毛條　白色　4g
- ● 雕塑用短纖羊毛　白色　適量
- ● 表面鋪色用短纖羊毛　適量

| 米色 | 淺駝色 | 奶茶色 | 棕色 | 黑色 | 灰色 | 橘粉色 | 暗粉色 |

其他材料　● 鋼球　30g　　**原寸版型**　● 請參考P.90　　**SIZE / 4.5×4.5×6CM**

製作【直立型】不倒翁基底

依P.41至42〔直立型〕製作一個較短圓的小雞蛋不倒翁基底。

START！填補＆塑造臉型

捲2個圓錐狀羊毛戳至半氈化（不要戳太硬），預備製作臉頰。

接合於距離頂端1/3處，臉頰寬側朝外、尖側朝中央併攏，微微凸起當作嘴巴。

取出羊毛疊厚於兩頰上方，填補額頭。

加上手臂＆大腿

按照版型捲出手臂戳至半氈化，兩端皆留毛邊。以較寬側為肩膀，方向朝外接合。

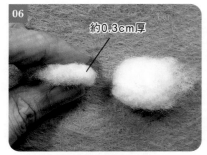

製作2個半圓戳至半氈化，其中一側不用氈化，預備做大腿。

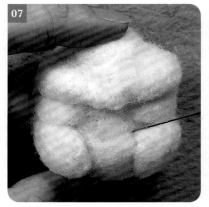

半圓朝肚子方向，沒氈化的部分朝向身體外側接合於底部左右。

製作嘴鼻部

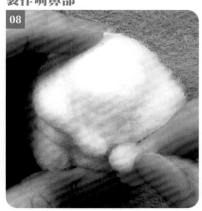

製作2顆小圓球，併攏接在凸起的嘴巴處。

09

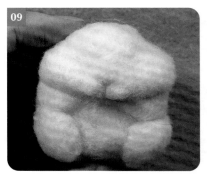

在嘴球上方接上暗粉色的倒三角形鼻子。

鋪打底色&加上雙手

10

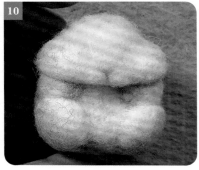

白色交界處鋪上米色打底，並揉2顆橘粉色圓球製作雙手。

鋪漸層色

11

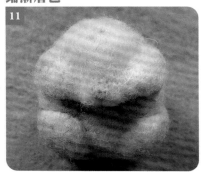

全身再鋪上〔米色＋淺駝色〕略深的混色羊毛。

加上眉眼細節

12

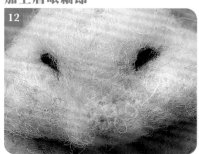

捻兩條黑色細線用力戳深，製作瞇瞇眼。

13

在眼睛上方疊戳羊毛加厚，製作眉骨。

加上雙腳細節

14

製作2個橘粉色半氈化三角形，預備做雙腳。

15

接合於大腿前方，並在前端戳出兩凹槽製作腳趾。

製作尾巴

16

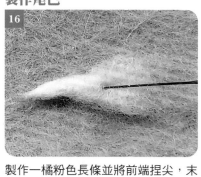

製作一橘粉色長條並將前端捏尖，末端裹上身體的羊毛，預備做尾巴。

17

將尾巴接合於兩腿中間，一邊彎曲一邊以深針戳接在身上。

加上耳朵

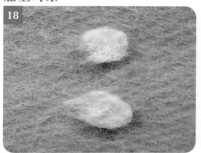

製作2個暗粉色的半圓薄片，一邊不要氈化，預備做耳朵。

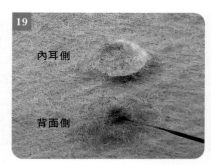

內耳側

背面側

在其中一面鋪上薄薄一層〔奶茶色＋棕色〕的混色羊毛，當耳朵背面，讓粉色從底部自然透出。

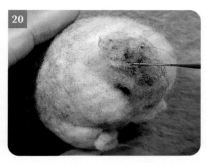

將暗粉色朝外，在靠近眼睛那側戳深接合於頭頂。

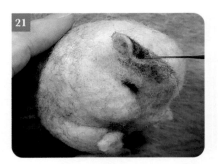

耳朵上方向下翻摺，並只在靠近頭頂處戳刺接合。

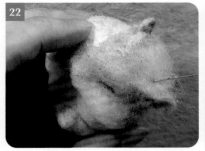

在耳朵接縫處的頭頂鋪上〔奶茶色＋棕色〕的混色羊毛，掩蓋修飾不自然的深色及接合痕跡。

戳刺人中

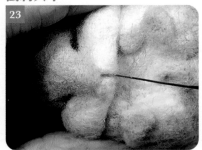

捻一條暗粉色細線，戳深塞入人中溝槽處。

加上背部花紋

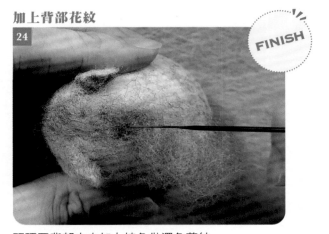

FINISH

頭頂至背部中央加上棕色做深色花紋。

兔子 RABBIT

HOW TO MAKE

羊毛材料

● 粗纖維打底羊毛條　白色　4.5g
● 雕塑用短纖羊毛　白色　適量
● 表面鋪色用短纖羊毛　適量

    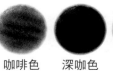

淺駝色　駝色　咖啡色　深咖色　粉紅色　淺粉色

其他材料

● 鋼球　40g　● 4mm 黑色眼珠　2個

原寸版型　※坏體＆基底版型見P.41

頭　1.5g　　耳　　尾　　臉頰

SIZE / 7×4.5×7CM

製作【臥趴・橫躺型】不倒翁基底

01

臀　　　　頭

依P.42至43〔臥趴・橫躺型〕製作
不倒翁基底，並以較寬的那一側為
臀部。

START！製作頭部

02

製作1個半氈化的小雞蛋形，預備製
作頭部基底。

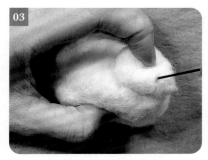

03

將頭部用力按壓於雞蛋形基底較窄
側，戳刺深針接合。

加上眼珠

04

45°

取頭頂中心線向外開合45°角，剪開
兩洞，將眼珠沾膠黏上。

填補臉部羊毛

05

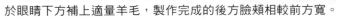

於眼睛下方補上適量羊毛，製作完成的後方臉頰相較前方寬。

06

取出適量羊毛向下對摺，預備製作眉骨。

07

將對摺羊毛較厚那一側，沿著眼珠
上半緣的周圍繞半圈接合。

完成。眼周不要有縫隙，形成眼珠
被埋起來的模樣。

鋪色

於兔子臉頰下方、嘴巴、胸前表面鋪
上〔淺駝色＋白色〕的混色羊毛。

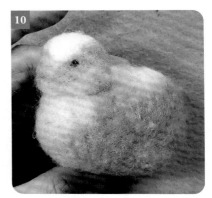

胸口與背部交界處，表面由淺至深鋪
上淺駝、駝色羊毛，製作出漸層。

頭頂、背部和剩下的部位鋪上〔駝色
＋咖啡色〕混色後更深的棕色羊毛。

製作耳朵

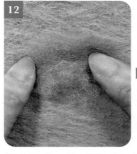 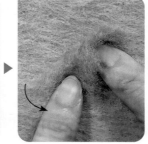 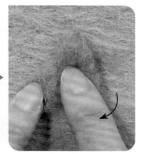

製作耳朵。取頭頂毛色相同的棕色羊毛，將兩邊朝中央斜對摺成三角形，底
部保留開口。

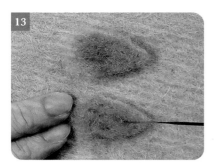

修整成2個樹葉形狀的薄片，下方接
合處不要氈化。

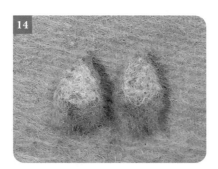

在耳朵中央輕戳加上淡淡的淺粉色，
不要戳得太大力，避免粉色穿透至耳
朵背面。

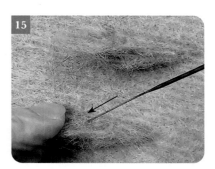

將耳朵粉色朝內對摺，在對摺處輕
扎幾針固定形狀。

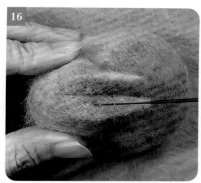

16

將兩耳接合於頭頂，耳洞內側也要戳刺。

17

在頭頂連接耳朵底部的縫隙處，鋪上一層薄羊毛修飾接合痕跡。

戳塑鼻嘴部細節

18

捻一條咖啡色細線，在臉前端鼻頭處戳Y字形。

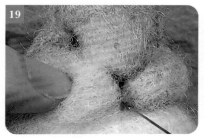

19

沿著人中在嘴巴左右兩側填補微量羊毛加澎，製作出鼓鼓的腮幫子。

加上眼睛細節

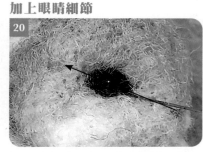

20

在眼睛周圍加上深咖色眼線；眼頭眼尾由下往上揚。
※注意：不能做成跟鼻頭平行。

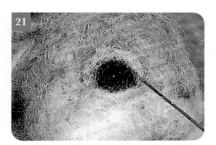

21

沿著眼線上下緣加上淡淡的白線，製作眼影。

製作尾巴

22

製作尾巴。將淺駝色羊毛對摺，只戳刺其中一端，戳出弧形。

23

在其中一面添加駝色。

24

用剪刀修剪尾巴形狀。

25

將修剪後的尾巴，尖端朝上、淺色朝外，接合於臀部底部。

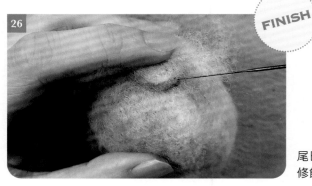

26

尾巴接縫處蓋上羊毛，修飾接合痕跡。

FINISH

玄鳳鸚鵡 COCKATIEL

HOW TO MAKE

羊毛材料

● 粗纖維打底羊毛條　白色　4g
● 雕塑用短纖羊毛　白色　適量
● 短纖羊毛　適量

其他材料

● 鋼球　40g
● 5mm 黑色眼珠　2個

原寸版型

● 請參考P.90

鵝黃色

黃色

橘紅色

暗粉色

粉紅色

淺粉色

SIZE / 8×6×6.5CM

製作【臥趴‧橫躺型】不倒翁基底

尾

01

依P.42至43〔臥趴‧橫躺型〕製作
不倒翁基底,並以尖端處為尾巴。

START! 製作頭部

02

戳1個半圓球當頭部,下方平面接合
處不要氈化。

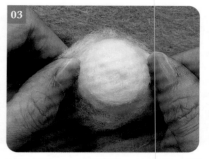

03

將半圓下方羊毛撕開,俯瞰像一頂
小帽子。

04

1/3

向下按壓,深針接合於水滴型寬側
上方。

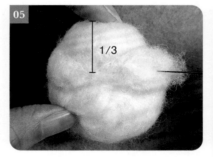

05

於正面左右兩側添加臉頰,使頭部
約佔1/3。

加上眼睛

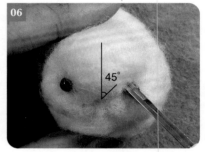

06

45°

軸心向外45°角處,由正面朝後開洞
裝上眼珠。

疊厚眉骨

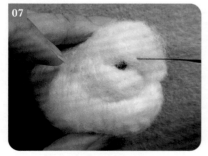

07

取適量羊毛圍繞於眼珠上方半圓,
疊厚製作眉骨。

胸前加蓬

08

於肚子前添加羊毛疊厚,製作出隆
起的胖圓胸部。

製作尾羽&翅膀

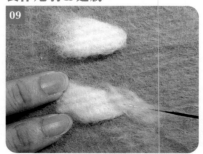

09

製作約0.2cm厚的2個三角形薄片預
備做尾羽,較寬處不要氈化,尖端
處包上鵝黃色漸層。

10

製作約0.2cm厚的大中小薄片各一對（共6片），預備做翅膀。寬處同樣不要氈化，尖端處包上黃色漸層。

11

將翅膀羽毛戳彎。

12

將戳彎的3片羽毛疊在一起戳刺氈黏，最長的壓在最底，短的向上疊，接合成翅膀。

13

依翅膀相同作法，將2片尾羽半邊一前一後交疊在一起戳刺，使其氈化黏合。

14

俯視圖

頭部

將尾羽未氈化端接合於背部，俯瞰軸心。

鋪色

15

腹部鋪上鵝黃色打底，並修飾尾巴接合處縫隙。

16

臉頰&脖子鋪上一圈鵝黃色。

17

頭部&頭頂鋪上更深一點的黃色做出漸層。

接上翅膀

18

俯視圖

頭部

將翅膀對稱接合於身體左右兩側後，檢查翅膀末端是否對齊。

加上鳥嘴&鼻子

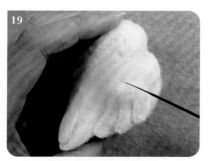

翅膀上緣（肩膀)鋪上白色羊毛修飾接縫。

做2顆半氈化的粉紅色圓球做鼻子，1個淺粉色三角錐（寬側不要氈化）作嘴巴。

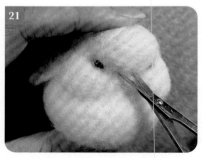

在兩眼睛中間橫向剪開一道裂縫。

將三角錐嘴巴未氈化的毛邊塞入縫隙中。

用針尖塞入多餘的毛，修飾調整鳥嘴形狀。

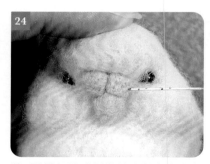

將2顆粉色圓球併攏接合於鳥嘴上方。

加上頭毛

用剪刀在粉色圓球中央開2個小洞做鼻孔。

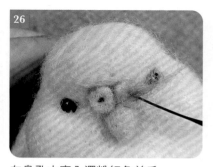

在鼻孔中塞入深粉紅色羊毛。

取一小撮深黃色羊毛，羊毛平行擺放，輕微戳刺，不要氈化、稍微黏在一起即可。

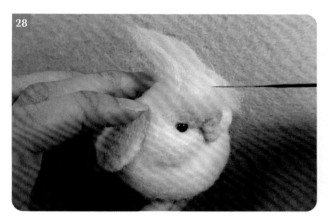

將黃色羊毛戳接於頭頂。

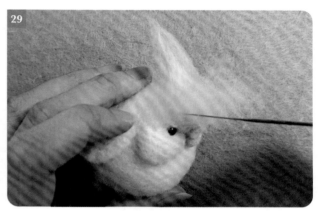

鋪上深黃色羊毛修飾接合處。

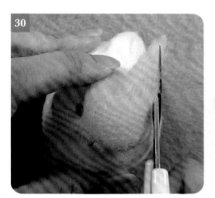

加上腮紅

FINISH

修剪頭毛，並用指腹搓揉羊毛末端。

於兩頰鋪上橘紅色腮紅。

虎皮鸚鵡 BUDGERIGAR

羊毛材料

● 粗纖維打底羊毛條　白色　4g
● 雕塑用短纖羊毛　白色　適量
● 表面鋪色用短纖羊毛　適量

其他材料

● 鋼球　40g
● 4.5mm 黑色眼珠　2個
● 毛根

| 淺藍色 | 天藍色 | 靛色 | 深藍色 | 粉紅色 | 淺粉色 | 黃色 | 灰色 |

原寸版型　　● 請參考P.91

SIZE / 11.5×5.5×6.5CM

製作【臥趴・橫躺型】不倒翁基底

01

尾

依P.42至43〔臥趴・橫躺型〕製作不倒翁基底,並以尖端處為尾巴。

START! 製作頭部

02

戳1個半圓球當頭部,下方平面接合處不要氈化。

03

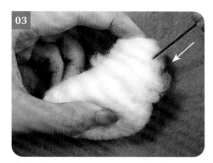

將半圓向下按壓,深針戳刺傾斜接合於基底寬側上方。

加上眼睛

04

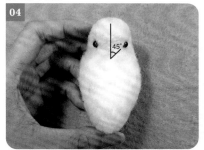

45°

軸心向外45度角處,由臉部正面朝後腦勺開洞裝上眼珠。

填補臉頰

05

於眼珠下方左右兩側添加羊毛,製作鼓起的臉頰。

胸前加蓬

06

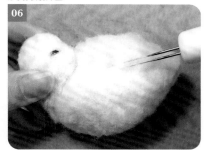

在胸前添加羊毛疊厚,使其胖圓隆起。

製作尾羽

07

製作尾羽。剪下2段毛根並包裹〔天藍色＋深藍色〕的混色羊毛,製作0.2mm細長薄片,末端尖細處加上更多深藍色做漸層。

08

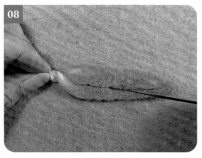

將2片尾羽交疊戳刺使其氈黏,毛根扭緊成一條。

09

在基底尾端剪個大洞,並將尾羽毛根處沾膠插入。

鋪色

身體從胸口由淺至深鋪上淺藍色、天藍色、靛色做漸層，在尾羽接合身體處的縫隙仔細包裹一圈修飾。

鋪上白毛，修飾臉部肌肉線條＆脖子界線。

製作腳爪

製作腳爪。剪下3段毛根，並在中央交接扭轉在一起。

摺立其中2根，扭轉成1根

拉出其中2根垂直於其他4根，並將其扭轉成1根。

修剪毛根多餘絨毛後（因為鳥爪太細，沒有剪毛作起來會太粗），纏繞淺粉色羊毛。

將鳥爪兩兩併攏，用尖嘴鉗朝中央夾彎。

用剪刀在腹部開兩個洞，將鳥爪插入並沾膠黏上。

製作翅膀

依版型作翅膀形狀的淺藍漸層色薄片，接合處不要氈化，並在下方圓弧側剪出三道缺口。

在剪開的缺口處包上白色羊毛，修飾毛邊並雕塑出羽毛形狀。

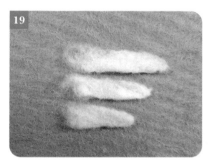

製作羽毛。戳出長、中、短3片長條薄片羊毛，其中一側不要氈化。將短的疊在長的上方，接合在一起。

將步驟18的翅膀薄片接合於步驟19羽毛薄片上方。注意左右對稱。

加上嘴部＆接上翅膀

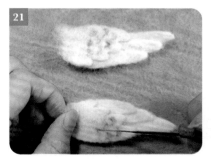

在翅膀上交錯加上灰色羽毛花紋。

◀參考玄鳳鸚鵡作法（P.74步驟20至26）加上嘴鼻。再將翅膀接合於身體兩側。整片戳平並貼合於身體，再加強戳刺羽毛邊緣形狀，只有末端微微翹起。

加上斑紋＆眼眶

頭上加上灰色虎皮斑紋。

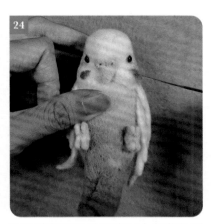

左右臉頰的眼睛下方加上深藍色淚滴狀花紋。

FINISH

將淺粉色戳揉至半氈化細長條狀，在眼睛周圍加上一圈眼眶。

10

擬真貓咪球 REALISTIC NEEDLE FELTING CAT

羊毛材料

● 粗纖維打底羊毛條　白色　6.5g
● 植毛用纖維較粗硬羊毛條　灰色、褐色　適量
● 雕塑用短纖羊毛　白色　適量
● 表面鋪色用短纖羊毛　適量

其他材料

● 鋼球　50g
● 7.5mm 彩色貓眼珠　2個
● 0.4mm 銅線

米色　奶茶色　淺棕色　咖啡色　深咖色　灰色　粉紅色　粉橘色　黑色

原寸版型　● 請參考P.91

SIZE / 10.5×6×7.5cm

製作【臥趴・橫躺型】不倒翁基底

依P.42至43〔臥趴・橫躺型〕製作不倒翁基底。做一個水滴型當作身體坯體，並將其戳彎，較細端當脖子留毛邊接合頭部。再將碗公和鋼球接在戳彎的背部側。

START！製作頭部

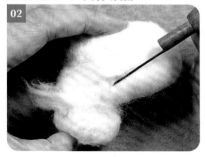

依版型做1個橢圓當頭部，將其按壓於基底脖子端戳刺接合。

加上眼睛

插入並黏上7.5mm大眼珠，使兩眼珠間隔1cm。

填補羊毛，進行臉部塑型

製作2粒半氈化小圓球，併攏接合於臉部下方，做出嘴兩側肉球。

在鼻樑至頭頂額頭處填補羊毛，製作肌肉。

將眼珠周圍用少量羊毛包覆蓋住，直至埋住眼珠邊緣。

加上鼻子＆大腿

在兩嘴球上方加上粉橘色的倒三角鼻子。在腹部底部加上2個橢圓，戳塑成攏起的大腿。

製作腳部細節

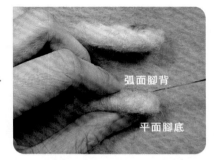

弧面腳背

平面腳底

依版型做出貓腳底板形狀：厚約0.5cm，較窄處留接合的毛邊，較寬處半氈化（之後還要雕塑腳趾）。先用白色打底，再裹上最淺的米色當底色。一側戳平面當腳底，一側戳弧面當腳背。腳底中央鋪上深色淺棕，腳背用奶茶色＋淺棕色打上漸層。

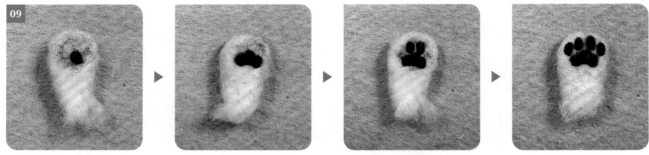

用深咖色製作腳底掌心的肉球，依序加上中央的大黑點→黑點兩側圓球→中間兩點腳趾→靠兩側略低的兩點腳趾。

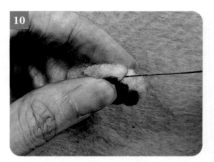

捻出深咖色細線，在兩肉球間戳上3條指溝，戳塑出四腳趾。

於大腿＆腹部鋪上淺色羊毛打底。

加上雙手

製作雙手。依版型捲2個三角錐戳至半氈化，寬處保留開口作為肩膀接合處。

將肩膀接合於脖子兩旁，整隻雙手貼合至肚子。

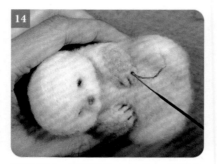

雙手鋪上〔奶茶色＋灰色〕的混色羊毛後，在前端押上3條深咖色細線戳出手指。

加上下巴

依版型做1個半氈化的小三角形薄片，接在兩嘴球下方做出下巴。（參考P.61貓咪不倒翁的下巴製作）

進行植毛

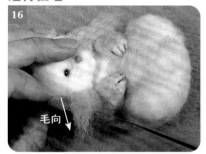

在臉頰兩側植上〔米色＋灰色〕的混色長毛，由臉頰外側朝中央嘴巴處種植，毛再向外對摺。每排毛間隔約0.1～0.2cm。

在淺色毛上方種一些〔奶茶色＋灰色〕混色的深色毛做漸層。

臉部鋪上顏色，鼻樑和額頭毛色較深，眼周毛色較淺。

製作耳朵

正面　背面

依版型做2個三角形耳朵，注意要分正反兩面，於其中一面內耳鋪上粉紅色，背面鋪上深色。

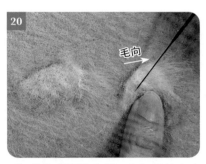

毛向

以短邊為貓耳朵內側，在短邊植上少量白色長毛。

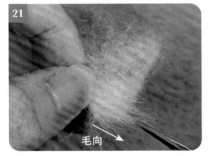

毛向

取剪刀，以與毛向平行的方式修剪毛的長度。

接合耳朵。短邊植毛處朝內，先固定耳朵中間的點，再固定左右兩側。

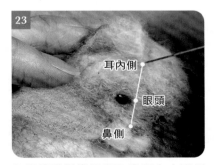

耳內側
眼頭
鼻側

內側的點對準眼頭和鼻頭左右兩側邊緣。

加上嘴鼻線、眼線

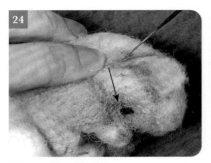

外側的點對準眼尾。

在耳朵接合處加毛，並於頭頂鋪上〔奶茶＋淺棕〕混色的深色羊毛，修飾耳朵的接合痕跡。

加上黑色的嘴鼻線、眼線。嘴鼻的線較細，眼線較粗。

背部鋪色

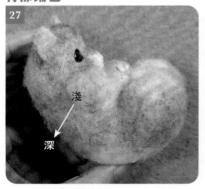

▶

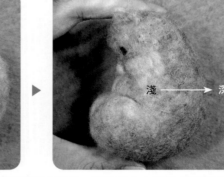

身體背面側邊鋪上淺色，再慢慢地漸層鋪上深色。越靠近中央脊椎處顏色越深。

製作尾巴

將植毛專用毛或紐澳羊毛條混出漸層毛色，纖維整理整齊至同方向後對半剪斷。

將銅線對摺，夾起少量深色羊毛，拉緊至銅線對摺處頂部。

捏住羊毛並用鉗子夾住銅線兩邊反向扭轉，直到纖維夾緊。

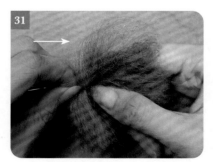

將銅線兩腳打開，在扭緊的深色下方夾入顏色較淺的羊毛向上卡緊。

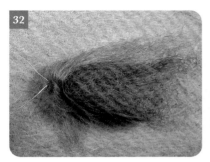

依第一次同方向扭緊羊毛和銅線，
以此類推將整根尾巴扭上羊毛，並
將末端鐵絲扭緊。

用錐子梳理完成的尾巴，將毛順向拉
直。

修剪梳理好的尾巴。

檢視整體＆植毛修飾

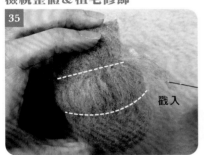

戳入

貓脖子後方半圈植上一層小圍巾。
羊毛頭尾戳入身體，中間保留空氣
製造蓬鬆感。

整隻體型完成後，再度修剪臉頰兩側
羊毛。

加上頭頂條紋

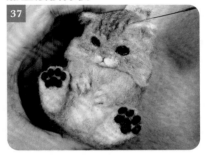

頭頂戳上〔咖啡＋淺棕＋少量奶茶〕
混色的深色條紋。

加上尾巴

在屁股用剪刀開十字大洞，尾巴鐵
絲末端沾膠後塞入。

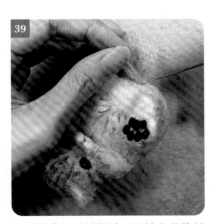

因接合處羊毛較稀疏，可植上些許羊
毛修飾。

FINISH

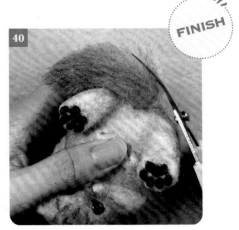

將尾巴順著體型彎曲，並修剪岔出的
雜毛。

⟹ 補充知識 ⟸

Ⅰ 纖維分類

以纖維粗細為分類標準　纖維直徑越細的羊毛越容易氈化，氈化速度快。

1. 纖維直徑22μm以下
纖維長度7～12cm羊毛條

纖維長，直且極細緻。適合濕氈，製作親膚衣料等。一般不會拿這種高級毛料針氈。
ex.美麗諾羊毛／喀什米爾羊毛／羊駝毛

2. 纖維直徑22～23μm
纖維長度約3～4cm羊毛條

纖維短而細緻，微捲，目前常用於表面鋪色的針氈羊毛，可將羊毛作品輕易地處理平整。
ex.西班牙短纖（美麗諾羊毛較短部位的毛）

3. 纖維直徑24～32μm
纖維長度約5～9cm羊毛條

纖維粗細中等的紐澳羊毛條。長度較長，比較沒那麼容易氈化。可用於植毛，打基底。

> **MEMO**
> 太細太容易氈化的纖維，植毛反而會黏成一坨，毛流感不明顯。

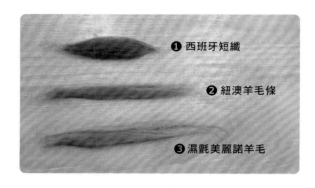

❶ 西班牙短纖
❷ 紐澳羊毛條
❸ 濕氈美麗諾羊毛

4. 纖維直徑約32μm以上羊毛條

價格親民。纖維較粗硬。相同重量下，纖維粗的羊毛收縮起來體積比纖維細的羊毛大。用於作品表面纖維感重，較適合打基底。

> **MEMO**
> 直徑大的毛纖維比較粗，擠壓之後羊毛之間留下的空隙也會比較大，就算氈化整體，成品體積也會偏大。纖維細的毛之間比較緊密，壓縮後也比較容易服貼沒有空隙，成品體積較扁小。就如同樣重量的沙子和石子放入兩碗中，細沙佔的體積較小，碎石子佔的體積較大。

特殊型態的羊毛＆纖維材料

1. 植毛專用毛
經過防縮處理，上特殊藥劑，表面呈現一些小亮光。滑溜易梳開，非常不易氈化。

2. 捲羊毛線
捲毛動物植毛用。

3. QQ毛，捲捲毛　一團一團顆粒狀半氈化羊毛。

4. 打底、填充用材料

不限於羊毛，只要能氈化或讓羊毛附著上去的物品或纖維即可。
ex.保麗龍／海綿／菜瓜布／棉花／也有專門填充用的手工藝壓克力纖維材料

5. 馬海毛（安哥拉山羊毛）

具有天然閃亮色澤，及蠶絲般的光澤。毛上的鱗片緊貼，很少重疊，所以纖維表面光滑，不易收縮氈化。回彈性、耐磨性、染色性俱佳。

6. 薄片羊毛　薄片狀半氈化羊毛。

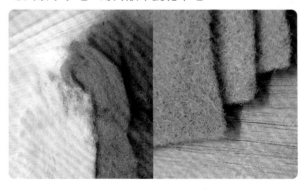

7. 團狀羊毛

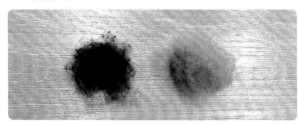

經梳理成團狀的羊毛。纖維極短，約4cm以下，捲曲且纖維縱橫交錯如網狀，適合針氈。

> **MEMO**
> 纖維短、排列交錯呈網狀、微捲的毛，適合針氈塑型用，作品表面比較不會有明顯的纖維感。因此將長纖維的毛撕碎後使用，也有助於順利針氈。

依用途分類

用途	推薦的羊毛或纖維種類	原因
填充用打底	● 質地粗硬的纖維 ● 可讓羊毛附著上去之物品 ex.保麗龍、海綿、菜瓜布、棉花、手工藝用壓克力纖維	● 價格便宜親民，相較於細軟毛，同重量氈化後體積較大。
填補複雜肌肉形狀	● 短纖維 ● 淺色（接近作品底色）的羊毛	● 易氈化、纖維不易拉扯，好雕塑出形狀。 ● 用淺色打底，之後表面上色才不易透出底色。
表面鋪色	● 短纖維（長纖維可撕碎使用） ● 質地柔軟細緻的羊毛 ● 微卷更好	● 作品表面能輕易地處理平整細緻，較無纖維感。
植毛	ex.植毛專用羊毛、紐澳羊毛條、馬海、人造纖維、捲毛線	● 有一定長度，較不容易氈化黏成一團。 ● 有特殊質感或光澤。

· II 觀察動物小撇步 ·

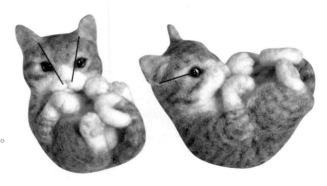

尖臉貓

鼻子、眼頭、靠內側的耳朵根部成一直線。
眼尾末端可以拉一條線，延伸至耳朵靠外側的根部。

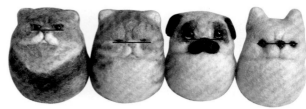

扁臉貓、狗

眼睛、鼻子的位置，接近在水平的同一條線上。

兔子、鼠

鼻頭延伸至眼睛有一個溝槽，耳朵長在溝槽上方。

· III 常見的錯誤或困擾 ·

⚠ 羊毛分量不會拿捏

　　直接將羊毛放在手中捲緊，在捏下去的當下，去練習感覺羊毛的收縮幅度吧！久了就能判斷出手中抓的羊毛經過戳刺後，會收成怎樣的大小。

　　我個人不推薦放在磅秤上慢慢添加的方式，因為沒辦法即時感覺手握羊毛鬆緊度的變化。

　　羊毛氈就是用羊毛在雕塑，可塑性大、可以自由增加減少，因此必要時也可以使用剪刀修去多餘的部位。但剪刀修剪的技巧不好控制，也需要花時間修補剪開的斷面缺口。因此建議初學者，羊毛分量可以先抓少一點，再慢慢添加補足，會更好掌握。

用剪刀修剪過後的斷面接合不易，因此要重新包裹羊毛或將開口撕鬆散。

⚠️ 作品軟硬度不會控制

如果作品戳得死硬，會無法雕塑出生動的線條，肌肉僵硬不靈活。作品太鬆軟，接合時容易塌陷，表面摩擦後容易毛躁或扯斷。

羊毛雕塑，是一個作品由鬆軟漸漸變扎實的過程，不可以一開始就戳太硬。我的製作習慣是維持在肌肉補滿後，戳下去還保有一點彈性，最後鋪上毛色才會到最終的硬度。

羊毛質地可以柔軟也可以扎實，沒有絕對的硬度才是所謂的正確，主要是看你作品想呈現甚麼樣的方式。如果作品想表現出布娃娃、麵包、蛋糕等鬆軟的質感，作品鬆軟可按壓也無妨。如果想做胸針、吊飾等耐磨小配件，戳堅硬一點會更牢固不易損壞。

建議可試著為軟硬度作出區間，舉例以10分法分級，1～2太鬆軟易塌陷壞掉，3～7則剛剛好，8～10太堅硬不易塑型。

作品內部可以保留想呈現的羊毛鬆軟質感，表面氈化即可。

⚠️ 混色不自然

羊毛的混色並不像水彩一樣，把紅和藍加在一起就可以混出紫色。紅色羊毛和藍色羊毛混在一起，只會變成一團紅藍夾雜的毛團，比較像馬賽克的概念。

因此要混出紅紫色的羊毛，要這樣混：紅色＋紫色＋紫紅色羊毛。

並不是紅色羊毛比例比較多，藍色羊毛比較少，就可以調出紫紅色的。我也會盡量避免直接用最深和最淺的兩色去混合，中間要有過度色去調配，漸層才能混的柔和自然。而色差越大的毛色，要混越多次才混得均勻。

但也不是說看得出原本兩種顏色的纖維就一定不好，這樣的作品風格搶眼，有強烈如插畫般的線條感。

鬃毛部分故意混色不均勻，可呈現如同雲朵一般的夢幻效果。

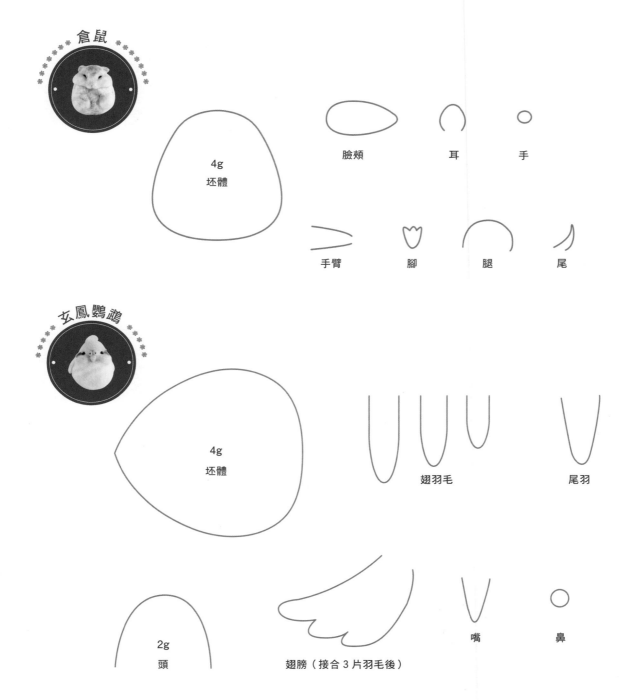

倉鼠

4g
坏體

臉頰　　　耳　　　手

手臂　　　腳　　　腿　　　尾

玄鳳鸚鵡

4g
坏體

翅羽毛　　　　　尾羽

2g
頭

翅膀（接合 3 片羽毛後）

嘴　　　鼻

90

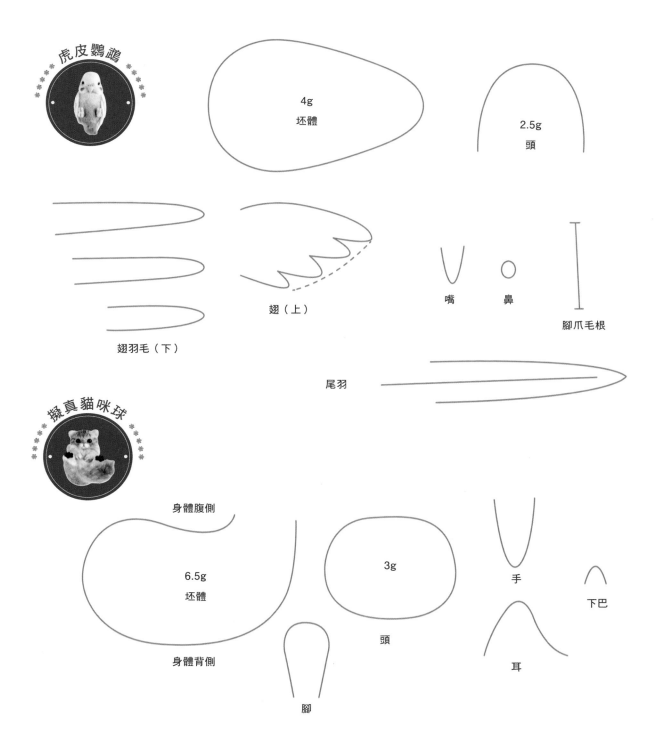

虎皮鸚鵡

4g
坯體

2.5g
頭

翅（上）

翅羽毛（下）

嘴　　鼻

腳爪毛根

尾羽

擬真貓咪球

身體腹側

6.5g
坯體

3g
頭

手

下巴

身體背側

耳

腳

玩‧毛氈 13

擬真‧可愛‧互動！
羊毛氈職人的動物不倒翁

作　　　者／毛起來玩‧燕魚
發　行　人／詹慶和
執 行 編 輯／陳姿伶
編　　　輯／劉蕙寧‧黃璟安‧詹凱雲
執 行 美 術／韓欣恬
攝　　　影／Muse Cat Photography吳宇童
　　　　　　（封面‧作品欣賞圖‧示範影片）
　　　　　　毛起來玩‧燕魚（作法步驟圖）
影 片 剪 輯／陳姿伶
美 術 編 輯／陳麗娜‧周盈汝
出　版　者／Elegant-Boutique新手作
發　行　者／悅智文化事業有限公司
郵政劃撥帳號／19452608
戶　　　名／悅智文化事業有限公司
地　　　址／220新北市板橋區板新路206號3樓
電　　　話／(02)8952-4078
傳　　　真／(02)8952-4084
網　　　址／www.elegantbooks.com.tw
電 子 信 箱／elegant.books@msa.hinet.net

國家圖書館出版品預行編目(CIP)資料

擬真‧可愛‧互動！羊毛氈職人的動物不倒翁 /
毛起來玩‧燕魚著；
-- 初版. -- 新北市：Elegant-Boutique新手作出
版：悅智文化事業有限公司發行, 2023.11
　　面；　公分. -- (玩.毛氈；13)
ISBN 978-626-97141-6-2(平裝)

1.CST: 手工藝

426.7　　　　　　　　　　　　　112016912

2023年11月初版一刷　　定價420元

經銷／易可數位行銷股份有限公司
地址／新北市新店區寶橋路235巷6弄3號5樓
電話／(02)8911-0825　　傳真／(02)8911-0801